A. GOIN, éditeur, quai des Grands-Augustins, 41, PARIS.

BIBLIOTHÈQUE DE L'AGRICULTEUR PRATICIEN

LES ABEILLES

LEUR ÉDUCATION

PAR

LE F. ALEXIS ESPANET

Auteur du *Traité des basses-cours* et de la *Petite Culture*.

Prix : 40 centimes.

PARIS
LIBRAIRIE CENTRALE D'AGRICULTURE ET DE JARDINAGE
QUAI DES GRANDS-AUGUSTINS, 41

1857

A. GOIN, éditeur, quai des Grands-Augustins, 41, PARIS.

LES

ABEILLES

Evreux, A. Hérissey, imprimeur. — 457.

LES

ABEILLES

LEUR ÉDUCATION

PAR

LE F. ALEXIS ESPANET

Auteur du *Traité des basses-cours* et de la *Petite Culture*.

PARIS

LIBRAIRIE CENTRALE D'AGRICULTURE ET DE JARDINAGE

QUAI DES GRANDS-AUGUSTINS, 41.

— **Auguste GOIN, Editeur.** —

1857

INTRODUCTION.

Voici, certes, un Traité sur les abeilles qui ne diffère pas peu des nombreux traités publiés jusqu'ici sur ces précieux insectes. Pour qu'un livre soit véritablement utile, il n'est pas question de le faire volumineux, ni d'y traiter de matières neuves, ni encore moins d'y ployer la nature à nos goûts ou à des préjugés ; on s'en convaincra dans les quelques pages que l'on va lire. L'industrie des abeilles est une de celles que les préjugés de la science, que les vues *à priori* et la cupidité des éleveurs ont le plus dévoyées. Il n'est sorte de ruches, il n'est sorte de système qu'on n'ait inventés pour sortir de ce qu'on appelait l'antique routine. Efforts inutiles ! les volumineux traités où ils sont consignés n'ont eu pour résultat que de tromper beaucoup de propriétaires et d'en détourner un plus grand nombre de l'éducation des abeilles.

On avait oublié que si la nature est notre grand maître en toutes les choses de l'économie des champs, elle l'est surtout en ce qui concerne les mouches à miel. Il faut donc revenir à la nature et s'en écarter le moins possible dans leur éducation si l'on veut réussir. Une observation curieuse de plus de vingt années nous oblige de proclamer hautement ce précepte. Or, les procédés de la nature sont simples ; il ne faut pas de gros livres pour les décrire, nous les approprier et en tirer parti. Nous avons essayé de le faire dans le petit opuscule que voici ; il suffira seul à tous les fermiers et propriétaires qui veulent prendre en main l'industrie du miel et de la cire. Pour eux, en savoir davantage c'est le chemin le plus sûr pour arriver à des résultats négatifs ; ne savoir que ce qu'ils vont lire est justement tout ce qu'il leur faut pour prospérer. La science est bonne, mais il en faut ce qu'il faut; la sobriété en est le sel et le ferment, la pratique en est la fleur et le fruit; aussi nous sommes-nous attaché à être simple, naturel et pratique dans les pages que l'on va lire.

LES ABEILLES

1° ÉTABLISSEMENT ET EMPLACEMENT DU RUCHER.

Le rucher est couvert ou en plein vent. Dans le premier cas, qui est celui des ruches qu'on veut préserver des déprédations des passants ou des malfaiteurs, on construit un hangar, dont le devant est défendu par un mur assez élevé. Les ruches sont disposées au-dessus et sous le toit, sur deux rangs alternants. Si, au lieu d'un hangar, le devant est muré, on y laisse des ouvertures correspondantes à chaque ruche.

Le rucher non couvert consiste en une petite enceinte munie d'une palissade, qui met les ruches à couvert des animaux domestiques et des enfants, et, réciproquement, ceux-ci à couvert des abeilles. Chaque ruche y est à une distance suffisante d'une autre pour permettre aux personnes qui les soignent de circuler entre elles. On se trouve mieux de les disposer sur deux ou trois rangs élevés en amphithéâtre. Ces ruches sont recouvertes de quelques tuiles ou, mieux, d'une plaque en zinc clouée sur un plateau de bois, qui les préserve de la pluie.

Un mur suffisamment élevé doit mettre les ruches à l'abri des vents dominants.

Il est nécessaire d'observer la position du rucher eu égard au soleil. Le soleil levant est l'exposition la plus convenable. Nous devons prémunir le lecteur contre un préjugé désastreux pour les abeilles. Les cultivateurs s'imaginent qu'elles préfèrent la chaleur, et, dès lors, s'il y a un abri exposé à toute l'ardeur du soleil, un recoin brûlant durant l'été, c'est le lieu qu'ils choisissent pour y placer leurs ruches. Il est démontré pour nous que cette fatale prédilection des cultivateurs pour les expositions les plus chaudes est la cause du peu de cas que la plupart d'entre eux font des abeilles ; ne réussissant pas dans leur éducation, ils relèguent cette industrie au nombre des choses curieuses dignes tout au plus d'occuper des amateurs riches.

Les ruches doivent être à l'ombre soit d'un toit, soit des arbres, à condition, toutefois, que les rayons du soleil viendront les frapper directement dès le matin, pour se perdre ensuite dans le feuillage.

L'excès de chaleur d'un soleil de juillet et d'août, dardant ses rayons, tout le jour, sur les ruches, altère leurs rayons, échauffe trop l'intérieur de la demeure des abeilles et même fond la cire des alvéoles, qui laissent échapper le miel. De là, des travaux extraordinaires de réparation qui se renouvellent incessamment, occupent les abeilles ouvrières à l'intérieur lorsqu'elles devraient butiner et augmenter les richesses de la ruche. Ces pertes de temps sont d'autant plus ruineuses qu'elles ont lieu dans le temps de l'année où il y a le plus de fleurs dans les champs et où il importe le plus aux essaims de faire leurs provisions pour l'hiver.

Qu'on sache donc bien que, pour les abeilles, il vaut mieux trop d'ombrage que trop de soleil, trop de froid que trop de chaud. La nature donne raison à ce principe de l'éducation de ces petites et intéressantes bêtes. Le miel abonde, quoique généralement moins exquis, dans les pays froids, tandis qu'il manque souvent dans les pays chauds. Nous avons soigné des ruches en Normandie : la récolte y était constante, chaque année fournissait à peu près la même quantité de miel, et cette quantité était considérable, mais d'une qualité inférieure à celle du miel d'Afrique, où, quelques années après, nous eûmes à organiser un rucher. Là, nous obtinmes, en certaines années, des quantités énormes d'un miel blanc et d'un arome délicieux, mais nous n'en récoltâmes pas un atome dans d'autres années. Qu'en aurait-il été si les ruches eussent eu l'exposition au soleil? Dans nos départements méridionaux, on élève et régularise la production du miel en mettant les ruches à l'ombre du soleil du jour et non du soleil levant, et dans un local relativement froid.

2° DES ABEILLES.

La ruche est composée d'un nombre indéterminé d'abeilles. On peut l'évaluer à vingt-cinq mille pour les ruches ordinaires, d'après le poids de l'essaim, qui est d'environ 1 kilogramme et demi à 2 kilogrammes. On y distingue plusieurs sortes d'abeilles :

1° La *reine* est une abeille un peu plus grosse, ou mieux plus longue que les autres. Il doit y avoir une reine par ruche ; elle occupe les rayons du milieu, et sa destinée est la multiplication de son petit peuple. Elle pond ses œufs innombrables à peu près toute l'année, mais principalement au printemps, époque où elle en donne jusqu'à trois cents par jour. L'hiver est, pour elle, une saison de repos et ordinairement d'improduction ; nous disons ordinairement, parce qu'il n'est pas rare qu'elle ponde l'hiver, étant au centre de la ruche, c'est-à-dire au lieu le plus chaud et où il peut exister même un degré de chaleur suffisant pour les diverses transformations de l'œuf, principalement dans les pays chauds.

La reine abeille gouverne certainement la ruche ou du moins lui communique l'activité, la sécurité. Elle paraît être le but des travaux de toutes les abeilles, qui est l'entretien de sa progéniture et son éducation. C'est à ce point qu'on peut conclure à la mort de la reine dès qu'on voit une ruche cesser ses travaux, les abeilles languir, ne plus sortir pour butiner, ou flâner autour de leur demeure, sans souci de la chose publique et sans but.

La reine peut en effet manquer, soit qu'elle meure sous les coups d'un ennemi, soit qu'on la détruise en enlevant quelques gâteaux de la ruche. Sitôt que ce malheur est reconnu, il est quelquefois possible d'y remédier en remplaçant la reine, surtout au temps des essaims ; on en prend une dans une autre ruche ou bien on l'enlève à l'une des ruches avec la portion du gâteau où se trouve quelque cellule royale.

Les cellules où les reines déposent les œufs d'où sortiront leurs semblables sont parfaitement distinctes des autres. On les trouve toujours sur les bords des gâteaux, près des endroits où passent les abeilles pour communiquer avec les diverses parties de la ruche. Ces cellules sont placées sur un plan différent des autres ; elles en dérangent l'ordre et la symétrie, et leur forme est celle d'un gland, dont elles ont presque la grosseur.

Il arrive aussi que, l'homme ne venant pas au secours d'une ruche veuve de reine, les abeilles y suppléent en en créant une. Pour cela, elles choisissent quelques-unes des plus jeunes larves ordinaires, détruisent les cellules voisines pour agrandir les leurs ; ce choix fait et approuvé par la république, ces jeunes larves deviennent l'objet de soins particuliers ; elles sont mieux nourries et plus abondamment, leur moule grandit, elles se développent et deviennent reines de fait et de droit.

Deux reines ne subsistent pas ensemble dans une ruche. On voit la reine ancienne détruire impitoyablement celles qu'elle-même a procréées et fuir de la ruche si elle en est empêchée, ce qui arrive surtout au printemps ; c'est ainsi que se forment les essaims. La reine ancienne entraîne avec elle une quantité suffisante d'abeilles pour fonder une colonie.

2° Les *mâles* ou bourdons sont des abeilles un peu plus grosses que les ouvrières. Ils sont toujours en nombre peu considérable. Leur rôle paraît borné à la fécondation de la reine, opération qui se fait toujours dans l'air échauffé par le soleil. Une fois la reine fécondée, ces bourdons deviennent insupportables aux autres abeilles ; car ils sont paresseux, gourmands, consomment beaucoup de miel et ne partagent aucun des travaux communs. Ils ne tardent pas à être victimes des mauvais traitements qu'on leur fait subir, ils sont chassés et impitoyablement massacrés. Cette extermination des bourdons est ordinairement achevée à la fin de juillet ou dans le mois d'août. A cette époque aussi, toutes les nymphes mâles sont sacrifiées et anéanties. C'est un *tolle* général de ces insectes prévoyants contre toutes les bouches inutiles. Nous savons qu'on peut les détruire plus tôt, mais nous le croyons inutile. Du moins, le temps et les soins qu'on y mettrait ne seraient pas compensés par l'avantage qu'on retirerait de cette destruction anticipée des bourdons.

3° Les *ouvrières* sont incomparablement les plus nombreuses. Leur taille est plus petite. Les jeunes sont d'un brun doré ou noir velouté, l'éclat en est adouci par un duvet fin visible à la loupe. Les vieilles sont d'un noir sec, éclatant, d'un certain luisant ; la loupe les montre en partie dépourvues de duvet, et l'œil nu aperçoit les ailes frangées, froissées, même des poux sur les plus vieilles.

Les abeilles ouvrières se divisent le travail d'une manière admirable. Les unes sont commises à la garde de la ruche ; on en voit toujours plusieurs à l'entrée, et, chose remarquable, les butineuses n'entrent pas sans toucher leurs antennes ; on appelle ainsi les deux petites cornes ou aigrettes dont leurs têtes sont surmontées. D'autres ont pour office de donner de l'air à l'intérieur de la ruche ; elles s'échelonnent de haut en bas et font avec leurs ailes un mouvement continuel qui agite l'air et le renouvelle en provoquant des courants. Cette ventilation occupe beaucoup d'abeilles quand il fait chaud. Nous observerons à ce sujet que les ruches exposées au soleil ou dans un lieu trop chaud perdent beaucoup de miel, parce que trop d'abeilles sont employées à la ventilation, au détriment de la récolte, qui, justement, devrait être plus abondante en été, dans la saison des fleurs. Une partie des ouvrières est destinée au maniement de la cire, du miel, du pollen, à l'emmagasinement, à la réparation et à la confection des cellules, à la récolte du propolis et à son emploi pour boucher les trous, tapisser la ruche, etc. Quelques-unes sont à la suite de la reine pour veiller à ses besoins, la nourrir, la garder ; il en est qui sont chargées de nourrir les larves, de cloisonner les nymphes, de veiller sur le couvain. Enfin, le plus grand nombre vont au dehors butiner sur les fleurs et querir les provisions.

Au milieu de tout ce mouvement, la reine, escortée de ses gardes, semble veiller à tout et se promène sur les gâteaux. Une oreille exercée saisit les bruits résultant de certains mouvements extraordinaires : les bourdonnements des ventilatrices et les sons particuliers émis par la reine en quelques circonstances. C'est ainsi que l'on reconnaît qu'un essaim se prépare ou va partir et autres grandes époques de ce petit empire.

Dans les ruches vieilles, le travail languit souvent, les abeilles y sont un peu plus petites, surtout après deux ou trois ans ; parce que, chaque fois qu'une alvéole ou cellule sert à une nymphe, elle reçoit une légère couche intérieure de cire qui la rétrécit ; or, cette cellule voit chaque année se succéder ainsi plusieurs nymphes dans son enceinte. Dans les jeunes ruches, au contraire, l'activité est plus constante et l'intérieur est mieux tenu et plus propre.

Chaque ruche contient, en outre, et à peu près en tous temps : 1° des œufs, 2° des larves, 3° des nymphes, soit d'ouvrières, soit de bourdons, soit de reines. Il y a aussi deux sortes de provisions, sans compter le propolis, espèce de gomme-résine d'un caractère particulier et que les arts commencent à utiliser, en particulier la pharmacie : le propolis est aussitôt employé qu'apporté, excepté encore la cire, dont les abeilles confectionnent les rayons et leurs alvéoles avec leur merveilleuse architecture. Les provisions sont : le miel, qui est l'aliment propre des abeilles, et le pollen, dont elles nourrissent le couvain, c'est-à-dire les larves. Le pollen est cette poudre, généralement de couleur jaune, qui garnit les étamines des fleurs, où les abeilles vont le chercher, et dont elles emplissent les alvéoles. On en trouve des rayons presque entiers, et c'est à tort qu'en châtrant des ruches, certains propriétaires les enlèvent, car ils enlèvent ainsi une provision essentielle aux abeilles et inutile à l'homme.

Autant qu'on a pu l'observer, les œufs que la reine pond au coin de chaque alvéole donnent naissance à des larves ou petits vers après quatre jours. Les larves, abondamment nourries par une espèce de gelée que les abeilles nourrices confectionnent à mesure du besoin, se transforment peu à peu en abeilles, après s'être enfermées, dans l'alvéole, au sein d'un petit cocon. Cette transformation s'accomplit en quinze jours pour les ouvrières, en vingt jours pour les mâles, en vingt-cinq jours pour les reines. Après l'éclosion du couvain, les abeilles s'empressent autour de leurs jeunes compagnes et font un triage sévère ; toutes celles qui sont mal conformées sont rejetées sans miséricorde.

3° DES RUCHES.

Les abeilles sauvages doivent ici guider l'apiculteur; car il est bien prouvé que les méthodes les plus ingénieuses, créées dans la pensée d'exploiter les abeilles avec plus de succès, ont eu pour unique résultat de diminuer leurs précieux instincts, d'en gêner l'essor, de leur donner des goûts de paresse et de pillage, essentiellement nuisibles à leur prospérité. Les belles ruches si compliquées de Nutt et de tant d'autres, un instant fort approuvées théoriquement, ont dû succomber dans la pratique. Cependant, rien n'y manquait : des compartiments qu'on ouvrait pour élargir leur demeure et offrir une retraite aux essaims qui se préparaient, des courants d'air qui dispensaient les abeilles de la ventilation, des tiroirs que l'on retirait avec la quantité de cire et de miel dont elles pouvaient se passer, d'autres tiroirs pour y déposer les rations de miel ou de sirop dont on devait les alimenter en hiver. A tout cela, les abeilles ont préféré les inconvénients de la ruche simple.

Nous sommes donc bien loin de recommander les ruches de celui-ci ou de celui-là, toutes les fois qu'elles s'écartent de la ruche naturelle simple, qui est d'une seule pièce et qui laisse aux abeilles toute l'exactitude de leur instinct et toute leur industrieuse activité. Bien au contraire, nous accusons les ruches composées et leurs prétendus perfectionnements d'avoir nui essentiellement à l'éducation des abeilles ; car ces ruches sont meurtrières, et pour les abeilles, et pour l'industrie. De là vient que les abeilles sont devenues plus rares, d'un prix plus élevé, dans les provinces surtout où l'on a appliqué un peu plus en grand les méthodes nouvelles. Ce sont les ruches élémentaires des campagnes réfractaires à ce malheureux progrès qui ont sauvé l'apiculture, peuplé les ruchers déserts ou ravagés par les nouveautés.

Le progrès, pour être accepté, doit être réel et avoir fait des preuves pratiquement ; il n'est pas facile du tout de réussir en s'écartant des procédés de la nature et en forçant l'instinct des animaux. Aussi conseillons-nous la ruche d'une seule pièce, le tronc d'arbre creux, le panier d'osier ou la cloche de paille, avec ses simples aménagements intérieurs. Mais, en même temps, il faut se résoudre à sacrifier les abeilles, à moins qu'on puisse les changer de ruche.

Sacrifier les abeilles pour extraire le miel est le moyen le plus anciennement pratiqué, le plus facile et celui où l'on revient volontiers après avoir essayé de diverses méthodes. Dans ce cas, on attend la fin de la saison des fleurs, septembre ou même octobre, pour les contrées où l'on cultive le sarrasin, qui fleurit à cette époque. Par ce retard, l'on obtient tout le miel et la cire que les abeilles ont recueilli pendant le mois de plus qu'on les laisse en ruche.

En agissant ainsi, on augmente cependant encore

le rucher de deux ruches par an, en comptant seulement sur trois essaims viables par ruche ; car, si plusieurs ruches en donnent quatre et même cinq, on doit savoir qu'en certaines années il en est qui n'en donnent que deux, et que, d'ailleurs, les quatrième ou cinquième essaim, venant ordinairement trop tard, n'auraient pas le temps, si on les conservait, de faire leurs provisions avant l'hiver ; de sorte que l'on serait obligé de les nourrir, et, qu'indépendamment du miel que l'on consacrerait à cet usage, on courrait la chance de perdre ces essaims, généralement plus faibles, de diverses maladies.

Le transvasement des abeilles d'une ruche dans une autre, pour enlever tout ce qu'elles ont amassé dans celle d'où on les chasse, est une opération facile, mais encore faut-il prendre son temps. Ensuite, elle doit se faire un ou deux mois avant l'époque précédente ; parce que les abeilles, une fois introduites dans la ruche vide, doivent avoir le temps de la garnir de provisions suffisantes pour l'hiver, et, pour cela, être transvasées avant la fin de la saison des fleurs, par exemple avant le mois de septembre.

Cette opération et toutes celles que l'on recommande dans les autres méthodes demandent une surveillance et des soins peu compatibles avec les travaux incessants du petit propriétaire et du cultivateur ; aussi ne les lui conseillons-nous pas. Nous ne leur conseillons pas davantage et moins encore de châtrer les ruches, c'est-à-dire de leur enlever l'excédant de cire et de miel, opération par laquelle on expose les abeilles à manquer du nécessaire, et dans laquelle on peut enlever le pollen, le couvain, même les cellules des nymphes royales, blesser beaucoup d'abeilles et tuer la reine elle-même. De tels accidents ne sont pas rares, et les amateurs savent combien ils nuisent à leurs intérêts.

Tout bien considéré, et conduit par l'expérience, nous avons donné la préférence aux ruches anciennes, simples, d'une seule pièce et telles qu'elles sont usitées chez la plupart des cultivateurs. Ces ruches reçoivent l'essaim, qui y travaille jusqu'au printemps suivant, sans être soumis à la surveillance, aux soins intempestifs et à des retranchements successifs. A cette époque, la ruche compte environ un an d'existence ; elle est bien fournie et donne deux ou trois essaims avant le mois de juillet. On les recueille soigneusement et on les met dans une ruche en place, sans s'inquiéter des autres essaims qui ne seraient pas venus assez tôt ou qui ne seraient pas assez forts. Cependant, la ruche qui a essaimé travaille activement jusqu'à l'entrée de la mauvaise saison ; elle a, à cette époque, quinze à seize mois d'existence ; elle se trouve bien pleine ; c'est le moment d'en détruire les abeilles, qui se sont convenablement multipliées, et dont les provisions constituent le bénéfice de l'éleveur.

Exiger une autre méthode d'exploitation des cultivateurs, c'est les obliger, sans profit réel, à une perte de temps considérable dans la manutention de leurs ruches et dans leur surveillance ; il y a plus, c'est les dégoûter d'une industrie qui, conduite comme nous venons de le dire, leur assure sans peine et sans souci une moyenne de 15 fr. par an et par ruche. Car tout le travail de cette industrie se réduit dès lors à une certaine surveillance durant les six ou huit semaines de l'essaimage et à la récolte de la cire et du miel dans les jours d'automne, époque où les autres travaux laissent tout le loisir désirable.

Que la ruche soit une caisse longue, un tronc d'arbre creux, un panier d'osier ou de paille, il est toujours utile de la placer sur un plateau élevé de 30 à 40 centimètres du sol, ce plateau étant supporté sur deux ou trois piquets fixés en terre, et débordant de 12 à 15 centimètres pour défendre l'entrée de la ruche aux insectes. Cette entrée, placée dans le bas de la ruche, à l'endroit où elle porte sur le plateau, consiste en quatre ou six petites brèches très-rapprochées les unes des autres et pouvant laisser un passage par chacune d'elles à une abeille, sans que celle-ci ait à se frotter contre les bords et soit exposée à salir ou à froisser ses ailes. On peut encore placer les ruches contre un mur, en les en éloignant un peu. Dans ce cas, on pose la ruche sur le plateau, qui porte lui-même sur deux petites traverses scellées au mur. Il faut surtout alors les préserver de l'ardeur du soleil et choisir l'exposition au levant, car la réverbération des rayons du soleil sur le mur exposerait les ruches à une chaleur désastreuse s'il n'y avait aucun ombrage et si elles étaient exposées au midi.

Il y a donc avantage, pour celui qui veut tirer des abeilles tout le profit possible avec le moins de soins et de temps, de se servir de ruches simples et de détruire les abeilles de l'année précédente, après la saison des fleurs, pour s'emparer de leurs provisions. En suivant cette méthode si simple, on peut tenir un rucher cinq fois plus nombreux sans y mettre plus de temps, sans s'en préoccuper, sans courir les chances de non réussite inhérentes aux autres méthodes. De plus, on obtient par là des produits plus sûrs et plus considérables, l'on n'a que des abeilles actives et industrieuses, enfin on n'est pas exposé aux inconvénients des vieilles ruches : teignes, poux, rétrécissement des alvéoles et autres misères qui diminuent leur valeur ou annulent leurs produits, et l'obligation de nourrir des ruches malades ou insuffisamment approvisionnées n'existe plus.

Cependant, il peut plaire à plusieurs de se former une expérience à soi, de suivre le progrès des travaux d'une ruche ; en ce cas, on doit avoir recours à un système de ruches à fenêtres et pouvant s'ouvrir par derrière. Une ruche de ce genre consiste en une caisse carrée et longue de la capacité d'une ruche ordinaire. La planche qui forme la paroi postérieure s'ouvre sur deux ou trois charnières et se ferme à l'aide de crochets. On perce sur les côtés, en haut et en bas, deux trous de 15 à 20 centimètres carrés, que l'on vitre soigneusement et que l'on défend contre la lumière par des volets opaques hermétiquement appliqués. On n'ouvre ces volets que pour observer l'intérieur et suivre de l'œil les travaux des abeilles. Mais encore faut-il bien se convaincre que ces travaux sont troublés par la lumière qui envahit subitement l'intérieur de la ruche. Néanmoins, les volets sont nécessaires, autrement les abeilles appliqueraient sur le verre une couche de propolis qui obstruerait les rayons visuels.

4° ESSAIMS.

Les premiers essaims sont les meilleurs, parce qu'ils ont le temps, dans le cours de la belle saison, d'accumuler des provisions et d'exécuter tous leurs travaux. Au printemps, une ruche nouvelle donne le spectacle de la santé, du travail et de l'activité. Dès les premiers jours de beau temps, la reine sort pour prendre ses ébats au soleil, en plein air et tout près de la ruche. Dans cette courte excursion, elle choisit un mâle, est fécondée et rentre pour se livrer à sa spécialité. Il ne lui faut que trois jours pour commencer à pondre presque sans interruption toute la belle saison. A dater de ce moment, trois semaines sont à peine écoulées que, le nombre des abeilles augmentant chaque jour, elles ont de la peine à tenir dans la ruche et se réunissent en masse tout auprès, durant le jour.

Bientôt les cellules des nymphes royales s'ouvrent, et la reine-mère s'efforce de les détruire, comme mue par la jalousie. Cependant, l'une des nouvelles venues, préservée par les soins des ouvrières, sort triomphante de son alvéole, et aussitôt l'ancienne reine, à la tête d'une nombreuse cohorte, s'envole pour ne plus revenir et va fonder une ruche ailleurs. Par une merveilleuse disposition de la Providence, ces abeilles forment une espèce de boule et vont se suspendre à quelque rameau d'arbre, où le propriétaire peut facilement les prendre, parce qu'il a pu tout aussi facilement les suivre dans leur fuite. On fait tomber l'essaim dans la ruche en coupant doucement le rameau qui le supporte; on la laisse à l'endroit même jusqu'au soir et on la range ensuite avec précaution dans le rucher. Dans quelques localités, l'on a recours à un expédient fort simple pour arrêter et fixer l'essaim. Nous l'avons mis en pratique avec plein succès. Il s'agit de placer, à quinze ou trente pas des ruches, vers le levant ou le midi, du côté où elles ont l'habitude de prendre la volée, un bâton, ou un pieu d'environ 2 mètres de hauteur, et supportant une espèce de chapeau ou couverture en forme de cône dont la concavité est tournée vers le sol. Les essaims viennent se fixer sans difficulté aux petits bâtonnets que l'on place dans le haut du bâton en guise de traverse ou d'échelon.

Il est bon de s'armer pour ces opérations d'un casque en toile métallique qui met à l'abri de toute piqûre, et de mettre des gants en peau. Il est également bon de prendre ces précautions toutes les fois qu'on manipule les essaims ou les ruches.

Une fois logé, l'essaim demeure un jour dans l'intérieur et en repos. Chaque abeille s'est abondamment repue avant de quitter la ruche mère et s'est même livrée à cette occasion au pillage sans nulle économie. Dès le second jour de sa fuite, la faim se fait sentir et l'ardeur du travail se réveille : les unes vont à la découverte, d'autres établissent leurs plans de construction, les autres vont butiner, et le travail commence : les aspérités de la ruche sont rongées, les trous et les fentes remplis de propolis; on pose les bases des gâteaux, la reine prend position, les ouvrières se mettent aux cellules; et sitôt que quelques-unes sont achevées, la reine y dépose des œufs, ce qui a lieu du 3e au 5e jour; dès ce moment, l'essaim est installé et ne cesse de construire, de se multiplier, de s'approvisionner; ces travaux vont si vite, que parfois les premiers essaims en donnent un avant la fin de l'été.

Cependant la ruche mère ainsi désertée et pillée est plongée dans une stupeur qui se communique aux abeilles absentes à mesure qu'elles rentrent; toutes semblent, pendant quelques heures, frappées d'inertie; mais enfin, la jeune reine a donné quelques sons compris de toutes ses sujettes, l'activité et l'ordre renaissent, les dégats sont réparés et les travaux reprennent leur cours, la reine fécondée se met à pondre avec une merveilleuse profusion; en peu de temps, la population de nouveau exubérante fonde un seconde colonie, puis d'autres, suivant la puissance de la ruche mère.

Nous devons remarquer que certaines ruches, quoique suffisamment peuplées, ne donnent pas d'essaim, ou n'en donnent que fort tard ; c'est un accident rare, dû à un mauvais système d'éducation, et le plus souvent à la privation de nourriture ou à la destruction des reines ; ce dernier accident a quelquefois lieu si le temps pluvieux empêche la sortie d'un essaim tout prêt, car l'ancienne reine a le temps d'exterminer toutes les nymphes royales pendant ce retard forcé ; l'essaim peut cependant prendre son essor quoiqu'il manque de reine, mais il manque de la condition essentielle de réussite, à moins qu'on ne soit en mesure de lui donner un chef.

5° MALADIES ET ENNEMIS DES ABEILLES.

Les maladies de ce petit peuple sont bien rares quand on les gouverne autant que possible de la manière dont se gouvernent les abeilles sauvages ; cependant, on les voit quelquefois sujettes à la dyssenterie, ce qui leur arrive quand on les nourrit avec du miel ou des sirops, ou bien lorsqu'elles ont fait la découverte de quelques sucs doux et mielleux dont elles se gorgent à qui mieux mieux. Le meilleur remède à ce mal, c'est de leur offrir un peu de vin fortement miellé.

La faim est leur ennemi le plus cruel : il les atteint principalement en hiver, lorsque la fin de l'été a été pluvieux et qu'elles n'ont pu faire leurs provisions ; on y remédie en leur offrant de bon miel dans des assiettes à portée de leur ruche.

Il faut aussi veiller à ce que les abeilles aient, non loin du rucher, au moins une rigole d'eau ou un petit bassin, sur les bords duquel elles puissent se désaltérer. Le besoin de satisfaire leur soif les obligerait, sans cela, à négliger leurs travaux, et les exposerait à des courses lointaines où un grand nombre périraient.

Les diverses privations auxquelles sont soumises les abeilles engendrent parmi elles des guerres de ruche à ruche ayant pour but le pillage. L'une des causes qui contribuent le plus à ces funestes désordres, c'est l'habitude des nourritures supplémentaires que dans certains systèmes de ruches l'on est obligé de leur donner. Privées de leurs provisions et nourries de cette manière factice, elles acquièrent une disposition toute particulière au pillage.

La chaleur excessive est encore une cause d'insuccès, et nous avons dit pourquoi et comment il fallait l'éviter. Le froid leur nuit beaucoup moins; il est même favorable à l'éleveur, parce que les abeilles s'engourdissent pendant l'hiver rigoureux et ne consomment point leurs provisions.

Les abeilles ont des ennemis directs dans les araignées de jardins et de ruisseaux, qui tendent sur leur passage des toiles assez fortes pour les capturer. Certains oiseaux en font leur pâture, sans en excepter les hirondelles; toutefois, celles-ci n'en font leur pâture qu'à défaut de meilleures proies. Les grenouilles et d'autres petits animaux les attendent au bord des ruisseaux, des étangs, etc... où elles vont s'abreuver...

Aussi doit-on rechercher, pour l'emplacement d'un rucher, les endroits les mieux cultivés et où la main de l'homme s'oppose de toute manière à de tels ennemis. Les apiculteurs expérimentés veillent à ce que les abeilles ne manquent pas d'eau dans leur voisinage, et ils ont soin que cette eau soit pure et dégagée de buissons, repaires d'animaux malfaisants.

6° EXTRACTION DU MIEL ET DE LA CIRE.

D'après la méthode simple que nous proposons, le propriétaire d'un rucher muni de ruches nombreuses n'en peut avoir que de jeunes, bonnes, actives et industrieuses; il n'a qu'à exercer sur elles une surveillance éloignée qui ne lui demande ni temps, ni peines, à leur consacrer quelques semaines en mai et juin pour l'essaimage, et un temps bien plus court pour la récolte qu'il doit faire après l'été et quand les abeilles, ne trouvant plus assez de fleurs, sont prêtes à entamer leurs provisions.

Nous recommandons cette méthode et l'extraction de la cire et du miel dans le cours de la deuxième année, en sacrifiant les abeilles, parce que nous savons que le gain du propriétaire qui en agit autrement ne compense pas le temps et la peine qu'entraînent les opérations multiples des autres méthodes: en effet, celles-ci donnent pour résultat une moyenne de 12 fr. par ruche et par an; notre genre d'exploitation donne la moyenne de 15 fr. par ruche et par an; il est vrai qu'en sacrifiant les abeilles, on se prive d'une ruche qui peut produire pendant une année ou deux de plus ; mais, c'est une faible compensation pour tant de travail ; tandis qu'en en sacrifiant les abeilles, on ne laisse pas de doubler au moins le rucher chaque année. N'est-ce pas assez ? d'autant que l'on a l'avantage de ne conserver que les essaims les plus forts et les plus hâtifs.

Dès lors, nous n'avons pas besoin de donner certains détails pratiques devenus inutiles.

L'extraction du miel doit se faire de la manière la plus simple. On chasse les abeilles au moyen de la fumée, comme l'on fait ordinairement. Il faut l'augmenter graduellement, afin qu'elles aient le temps de se reconnaître et de quitter les alvéoles au lieu de s'y cacher. On soulève ensuite la ruche, on enlève les gâteaux fort proprement et on les renverse sur un linge tendu, à travers lequel le plus beau miel s'écoule. Il faut casser les rayons et briser les alvéoles sans salir le miel. Cette opération se fait dans un appartement bien fermé, afin de ne pas attirer les abeilles du dehors. Au bout de deux jours, on retire ce qui reste de miel mêlé à la cire, et on le soumet à la presse. Le premier, obtenu par simple écoulement, est de première qualité, le second est moins bon et moins bien vendu.

En retirant la cire de la presse, on peut la mêler à de l'eau, dans la proportion de deux litres pour un kilo de cire miellée. On décante ensuite et on laisse fermenter cette eau, qui est de l'hydromel, boisson agréable et enivrante. Après cela, on met la cire dans un chaudron avec de l'eau qu'on fait bouillir; dans cette opération la cire se fond, les immondices s'en séparent et surnagent. Enfin, on laisse refroidir et l'on obtient un grand pain de cire dont le dessus est formé d'écume et de débris d'abeilles, et le fond de la plus belle cire. On sépare ces diverses parties, on fait refondre encore dans l'eau bouillante et on forme les pains de cire qu'on livre au commerce.

La cire et le miel sont toujours d'un débit certain et d'un excellent prix. En calculant le revenu annuel d'une ruche à 15 fr. comme nous l'avons dit, on peut obtenir chaque année 450 fr. de trente ruches, dont la manutention n'aura pas coûté 50 fr. Voilà donc encore un produit facile et tout à fait à la portée du petit propriétaire, qui apprendra bientôt quelles fleurs les abeilles préfèrent, et comment les fleurs de diverses espèces se succèdent depuis le mois de mars jusqu'à la fin d'octobre.

C'est ainsi, ne l'oublions pas, que la Providence donne à tous les moyens d'assurer son existence, même de l'embellir; qu'elle choisit des moyens bien petits et bien faibles en apparence, et que ces petitesses et ces faiblesses sont les parcelles d'un tout que nous appelons fortune et prospérité publique.

FIN.

TABLE DES MATIÈRES.

—

TRAITÉ COMPLET
D'ALCOOLISATION
GÉNÉRALE,
GUIDE DU FABRICANT D'ALCOOLS,

RENFERMANT
LA MARCHE A SUIVRE POUR OBTENIR L'ALCOOL DE TOUTES LES SUBSTANCES ALCOOLISABLES,
LES MOYENS DE DÉBARRASSER L'ALCOOL DES ODEURS PROPRES ET DE CELLES D'EMPYREUME, AINSI QUE L'INDICATION DES RENDEMENTS, AU POINT DE VUE DE LA FABRICATION, PAR LES MÉTHODES LES PLUS ÉCONOMIQUES,
ET TOUTES LES RÈGLES, FORMULES ET TABLES DE RÉDUCTION QUI PEUVENT ÊTRE UTILES AU DISTILLATEUR;

PAR

N. BASSET,

Auteur du *Traité pratique d'alcoolisation de la betterave.*

---

1 vol. in-18, 2e édition.— Prix : 6 fr.

La rapidité extraordinaire avec laquelle s'est épuisée la première édition de notre ouvrage, nous imposait le devoir d'en faire, dans le plus bref délai, une deuxième édition ; malheureusement les circonstances ne nous l'ont pas permis, et, malgré tout notre empressement, il ne nous a pas été possible de donner suite plus tôt à notre projet, dont l'exécution aurait cependant présenté une certaine utilité dès l'automne de 1855.

Nous avons profité de ce long espace de temps pour revoir soigneusement toutes les parties de notre *Traité,* afin de le rendre plus digne de la faveur du public et de le tenir à la hauteur des progrès accomplis.

Des augmentations considérables ont été faites à côté de quelques retranchements peu importants, relatifs surtout au style et à la forme ; plusieurs erreurs ont été corrigées, et nous avons ajouté avec soin toutes les modifications sérieuses qui ont eu lieu en alcoolisation. Nous avons répété la plupart de nos expériences, et nous nous sommes entouré de tous les renseignements utiles pour arriver à la discussion sérieuse et à la connaissance de la vérité.

La question des prix d'établissement a été étudiée avec toute l'étendue possible, et nous donnons à cet égard les bases d'un calcul applicable, permettant d'apprécier la justice de certaines prétentions.

La partie arithmétique a été augmentée d'un extrait des principaux règlements administratifs intéressant le cultivateur qui veut s'adonner à l'alcoolisation comme annexe, et nous avons indiqué les formalités à remplir pour se placer dans la légalité.

En un mot, nous avons cherché, par tous les moyens possibles, à faire de cette seconde édition de notre ouvrage un travail complet, et nous espérons avoir réussi.

Le *Traité d'alcoolisation générale* sera expédié, franc de port, aux personnes qui enverront à M. GOIN, éditeur, quai des Grands-Augustins, 41, à Paris, un bon de poste de 6 fr.

(Voir d'autre part.)

OUVRAGES DIVERS SUR LA DISTILLATION

QUI SE TROUVENT A LA MÊME LIBRAIRIE.

Evreux, A. Hérissey, imprimeur. — 457.

BIBLIOTHÈQUE DE L'AGRICULTEUR PRATICIEN (1).

A. Goin, éditeur, quai des Grands-Augustins, 41.

ABEILLES (*Eleveur d'*), par A. de Frarière. In-18, fig. » 75
ABEILLES (*Education des*), par A. Espanet. In-18. » 40
ABEILLES (*Education des*), par P. Joigneaux In-18. 1 25
AGRICULTURE. Quelques observations pratiques, par Bodin. Broch. » 15
ALCOOLISATION GÉNÉRALE, *Guide du fabricant d'alcools*, par Basset. 1 vol. in-18, fig. et pl., 2e édition. 6 »
ALMANACH DE L'AGRICULTEUR PRATICIEN pour 1857. 1 vol. in-18, fig. » 50
AMENDEMENTS ET PRAIRIES, extrait de J. Bujault. In-18. » 60
BÉTAIL EN FERME (*Du*), extrait de J. Bujault. In-18. » 60
CAILLES ET PERDRIX. Moyen de les faire produire en domesticité, par l'abbé Allary. 1 vol in-18. 1 25
CULTURE (*De la petite*), ou Moyens faciles d'augmenter le rendement des terres de labour et de jardin, par A. Espanet. 1 vol. in-18. 1 »
DINDONS ET PINTADES (*Éleveur de*), par Mariot-Didieux. In-18. » 75
DRAINAGE. L'art de tracer et d'établir les drains, par Grandvoinnet. In-18. 150 fig 3 »
FUMIER DE FERME (*Le*), par Quénard. In-18, 2e éd. 1 25
IRRIGATION (*Manuel d'*). par Deby. In-18, 100 fig. 1 50
IRRIGATIONS, par J. Donald, trad. par A. de Frarière. In-18, fig. » 50
LAITERIE (*La*), suivie de la fabrication des fromages, par A. de Thier. In-18, fig. » 75
LAPINS (*Educateur de*), par Mariot-Didieux. In-18. » 75
LAPIN DOMESTIQUE (*Education du*), par F. Alexis Espanet. In-18, 2e éd. 1 »
MAIS (*Du*), de sa culture et de ses divers emplois, par Keene et A. de Thier. » 30
MAIS ET SORGHO SUCRÉ (*Alcoolisation des tiges de*). Alcool. — Cidre. — Bière. — Vins artificiels, par Duret. In-18. » 75
MOUTONS (*Eleveur et engraisseur de*), par J.-J. Legendre. In-18. 1 »
PIGEONS DE COLOMBIER ET DE VOLIÈRE (*Eleveur de*), par Mariot-Didieux. In-18. » 75
PIGEONS, *Oiseaux de luxe, de volière et de cage*, par A. Espanet. In-18. 1 »
PISCICULTEUR (*Guide du*), par J. Rémy et le docteur Haxo. In-18, grav. 1 50
PORCHERIES (*De l'établissement des*), construction, etc. In-18, 93 gravures. 2 50
PORCS (*Du traitement des*) aux différentes époques de l'année, extrait des meilleurs ouvrages anglais et traduit par J.-A. G. In-18, 30 grav. 1 25
POULES (*De l'éducation des*), des DINDES, des OIES, des CANARDS, par F. Alexis Espanet. 1 vol. in-18. 1 »
POULES ET POULETS (*Eleveur de*), par J. Allibert. In-18. » 75
RÉCOLTES DÉROBÉES (*Des*), comme fourrages et engrais verts en général, et de la culture de la Moutarde blanche en particulier, traduit de l'anglais et annoté par J.-A. G. In-18, fig. » 75
SEMAILLES EN LIGNE (*Des*) et des semoirs mécaniques, par F. Georges. In-18. » 50
SORGHO A SUCRE (*Guide du cultivateur du*), par Lacoste et Madinié. In-18. 1 »
SYSTÈME GUÉNON *en forme de catéchisme*, à l'usage des élèves des fermes-écoles, par A. Combes. In-18. » 30
TOPINAMBOUR. Culture, alcoolisation, panification de ce tubercule, par Delbetz 1 25
VERS A SOIE (*Eleveur de*), par MM. Guérin-Méneville et E. Robert. In-18, fig. » 75
VISITE A UN VÉRITABLE AGRICULTEUR PRATICIEN, par Durand-Savoyat. In-18. 1 25

(1) *L'Agriculteur praticien*, revue de l'Agriculture française et étrangère : 24 numéros par an, avec figures dans le texte. — Prix : 6 fr.

Evreux, A. Hérissey, imp. — 457.

www.ingramcontent.com/pod-product-compliance
Lightning Source LLC
LaVergne TN
LVHW050503160826
845677LV00003B/905